芹菜常见病虫害诊断与防控技术手册

吴青君　主编

中国农业出版社

北京

《芹菜常见病虫害诊断与防控技术手册》

内容简介

  本手册详细介绍了芹菜上常见病虫害的诊断方法和防控技术。内容包括芹菜常见病害的病原菌、危害症状、发病规律与侵染循环、防控措施，害虫的形态特征、危害症状、发生规律与生物学特性、防控措施等，以及芹菜主要病虫害的全程防控技术。主要介绍芹菜上经常发生的6种病害（斑枯病、叶斑病、菌核病、灰霉病、软腐病、立枯病）和5种害虫（胡萝卜微管蚜、南美斑潜蝇、甜菜夜蛾、二斑叶螨、西花蓟马）。内容浅显易懂、图文并茂、可读性强。

  本手册可供各地种植户、农业合作社、涉农企业、各级农技推广部门、科研人员等相关单位和个人参考。

编写人员名单

主　编：吴青君

副主编：石延霞　何秉青　陈　雪

参　编：李　跃　卓富彦　胡　彬

　　　　谢　文　史彩华　陈　浩

前 言

FOREWORD

随着人们生活水平的不断提高，消费者从过去追求农产品数量逐渐向追求农产品的质量和安全转变。农产品是否安全直接关系着人民群众的健康，因此受到消费者的高度关注。农产品安全生产与种植地环境、水源、化肥投入以及植保措施息息相关，其中更受大家关注的是病虫害的高效安全防控。

芹菜属于伞形花科植物，种类多，在我国南北方各地均有种植，是老百姓餐桌上常见的蔬菜。芹菜具有较高的营养价值和药用价值，含有丰富的碳水化合物、维生素、蛋白质、膳食纤维等多种营养物质。经常食用芹菜可以预防高血压、结肠癌、痛风等疾病。芹菜气味浓郁，病虫害发生种类较传统的大宗蔬菜少。但由于芹菜种植通常株距小，加之茎、叶长势旺盛，特别到中后期生长环境较为荫蔽，不可避免地发生各种病害和虫害，严重影响芹菜的产量和商品价值。由于缺乏高效实用的防控技术，不科学使用农药问题较为突出，也造成了芹菜的食用安全问题。《芹菜常见病虫害诊断与防控技术手册》详细介绍了芹菜上常见病虫害的种类、识别、流行规律、危害症状以及综合防控措施等，为芹菜安全优质高效生产提供了技术保证。

本手册由吴青君主编，石延霞、何秉青、陈雪副主编，李跃、卓富彦、胡彬、谢文、史彩华、陈浩参编。在此，衷心感谢各位编写人员的辛勤付出。同时感谢农业农村部种植业管理司、全国农业技术推广服务中心和北京市植物保护站等单位的鼎力支持。

由于各地区的气候条件、栽培模式、种植结构、设施条件、土壤条件以及种植者管理水平的差异，导致不同年份、不同种植区芹菜病虫害的种类、数量、危害程度不尽相同。本手册根据编者多年的实践经验，参考研究报告等资料编写而成，文中若存在不足或者不恰当的地方，请各位专家学者、同行和种植能手多多批评指正。

编　者

2022 年 1 月于北京

目录
CONTENTS

第二部分

芹菜常见虫害

第三部分

芹菜主要病虫害全程防控技术

第一部分

芹菜常见病害

第一节　芹菜斑枯病

芹菜斑枯病是芹菜上最常见的病害，病斑有两种类型，一种是大斑型，另一种是小斑型。除芹菜外，该病还可危害番茄、辣椒、甜椒、茄子、胡萝卜、荷花、薄荷、中草药、杨树等。

1.病原菌

芹菜斑枯病病原菌无性型为芹菜生壳针孢（*Septoria apiicola* Speg.），属于半知菌亚门壳针孢属真菌。

2.危害症状

芹菜斑枯病又称叶枯病。整个生育期均能发病，通常危害叶片和茎秆，叶柄也可受害。叶片上发病时，初期出现油渍状斑点。大斑型病斑直径一般3～5毫米，边缘清晰，边缘呈深褐色，中央呈褐色，上面散生油渍状小黑点，可与叶斑病区别，发病严重时整片叶枯黄。小斑型病斑直径一般0.5～2毫米，为深褐色，边缘较清晰，中央为灰褐色，病斑上也会散生油渍状小黑点，病斑外缘具有黄色晕圈。茎秆上发病，出现油渍状梭形或不规则形病斑，病斑浅褐色至深褐色，上面生有黑色小点，病斑进一步发展会导致茎秆折断、倒伏。

芹菜斑枯病叶片症状

芹菜斑枯病严重危害的叶片

芹菜斑枯病茎秆症状

芹菜斑枯病田间症状

3.发病规律与侵染循环

发病高峰通常在春季3～5月，秋冬季10～12月，适宜发病条件是低温高湿，温度20～25℃、相对湿度85%以上。病原菌以菌丝体在芹菜种皮内或病残体上越冬，可存活至少1年，带菌种子和病残体是田间流行的主要侵染源。播种带斑枯病菌的种子，会造成苗期发病或者田间流行，在发病部位产生分生孢子进行传播蔓延；若前茬的病残体清理不及时或者未清除干净，病原菌直接在病残体上越冬，遇适宜温湿度条件，则产生分生孢子器和分生孢子，借助风或雨水飞溅将孢子传到健康芹菜上。田间湿度大，叶片结露时，孢子萌发产生芽管侵染芹菜，经芹菜体内潜育后，可再次生成分生孢子，再侵染健康芹菜。

4.防控措施

（1）种子消毒处理：因带菌种子是主要的初侵染源，建议播种前对种子进行消毒处理。用50℃的温汤浸种30分钟，捞出晾干后即可播种。

（2）农业防治：适量使用有机肥料，且必须经过充分发酵腐熟。培育无病壮苗，田间合理密植，注意棚室的通风，降低湿度，适量追肥，少施氮肥；发病后要及时摘除病叶，收获后要彻底清理田间病残体，带出田外集中处理，减少菌源。适时播种，合理密植，可以适当提早或延迟播种到定植的时间，避开发病严重的低温高湿季节。

（3）药剂防治：可在芹菜定植前、整地后使用20%二氯异氰尿酸钠可溶粉剂300倍液均匀喷施土壤表面，杀灭土表病原菌；也可在定植缓苗后，使用诱导抗病剂0.5%氨基寡糖素水剂500倍液叶面喷雾诱导芹菜产生抗性；发病初期可以选用10%苯醚甲环唑水分散粒剂1 000倍液或25%咪鲜胺乳油1 000倍液喷雾施药。

第二节　芹菜叶斑病

芹菜叶斑病在露地栽培和保护地栽培芹菜中都有发生，春秋两季发生严重，除芹菜外，该病也可危害甜瓜、番茄、大白菜、草莓、花生、香蕉、苹果、苦荞麦、蓝莓、猕猴桃、樱桃等作物。

1.病原菌

芹菜叶斑病的病原菌有链格孢属（*Alternaria* spp.）和芹菜尾孢（*Cercospora apii* Fres），常见的是芹菜尾孢，属于半知菌亚门真菌。本节所提到的叶斑病均为芹菜尾孢叶斑病。

2.危害症状

芹菜叶斑病也称早疫病，从苗期到收获期均可发生，叶片及茎秆均可发病。发病初期，叶片出现黄绿色水渍状病斑，后发展为圆形或不规则形浅病斑，褐色，直径3～10毫米。发病后期病斑扩大连片并蔓延整叶，致叶片变褐且稍凹陷。病斑中央灰褐色，内部组织坏死后变薄呈半透明状，周缘深褐色，外围具黄色晕圈。发病茎秆出现浅褐色水渍状不规则病斑，椭圆形，严重时病斑在茎秆连片凹陷，导致茎秆折断，发病严重时全株倒伏，田间湿度大时病斑着生灰白色霉层。

芹菜叶斑病叶片正面病斑

芹菜叶斑病叶片背面病斑

芹菜叶斑病茎秆症状

3.发病规律与侵染循环

病原菌喜高温高湿的环境，多雨、大雾、夜间持续长时间结雾易导致该病流行。发病的适宜温度是22 ～ 30℃、相对湿度85％ ～ 95％。病原菌越冬主要以菌丝体形式存在于种子、病株或病残体上，带菌种子或病残株是主要的初侵染源。播种带菌的种子，出苗后即可染病。若田间温度、湿度较高，会滋生大量孢子，再经由风、雨、农机具以及农事操作等进行广泛传播。

4.防控措施

（1）**种子消毒处理**：由于病原菌可通过种子带菌，因此播种前有必要对种子进行消毒处理，可用50℃的温汤浸种30分钟，捞出后晾干即可播种。

（2）**农业防治**：因地制宜选用抗病品种。培育无病壮苗，田间合理密植，注意棚室的通风，降低湿度，适量追肥；芹菜生长期要及时摘除病叶，收获后要彻底清理田间，带出田外，集中深埋或堆沤处理，加速病残体的腐烂分解以减少菌源。

（3）**药剂防治**：在芹菜定植前、整地后使用20%二氯异氰尿酸钠可溶粉剂300倍液均匀喷施土壤表面，杀灭土表病原菌，降低菌量；也可以在定植缓苗后，使用诱导抗病剂0.5%氨基寡糖素水剂500倍液叶面喷雾，提高芹菜的抗病性；发病初期使用10%苯醚甲环唑水分散粒剂1 000倍液喷雾防治。

第三节　芹菜菌核病

菌核病是芹菜上一种重要的病害，多地由于连年栽培，不实行轮作换茬制度，导致该病发生越来越重。除芹菜外，该病还可危害葫芦科、茄科及十字花科蔬菜等作物。

1.病原菌

芹菜菌核病的主要病原菌为子囊菌亚门菌核菌 [*Sclerotinia sclerotiorum* (Lib.) de Bary]，菌核由菌丝体交织扭结在一起而形成，开始灰白色，后期表面变黑色鼠粪状颗粒，大小不等，有时单个散生，有时多个聚生在一起。

2.危害症状

叶片和茎秆是主要受害部位。叶片上初期发生时，出现淡黄色水渍状病斑，湿度大时形成软腐状，并产生一层浓密的白色霉层，环境条件合适时腐烂部位后期会产生黑色鼠粪状菌核。条件适宜时可危害芹菜茎秆，初呈水渍状浅褐色凹陷病斑，湿度小时导致植株表皮干枯纵裂，湿度大时呈软腐状，导致茎秆折断，表面产生白色霉层，最后形成鼠粪状黑色菌核。菌核可落入田间。幼苗发病，常导致整片植株软腐倒伏，死棵死苗。

芹菜菌核病田间发病症状（白色为菌丝体，黑色颗粒为形成的菌核）

3.发病规律与侵染循环

北方发生高峰期为11月中下旬到翌年3月，长江中下游为2—6月和10—12月。菌核可在土壤中或混杂在种子中越冬或越夏，混在种子中的菌核会随播种操作进入田间，留在土壤中的菌核遇到适宜温湿度条件时即可萌发，在地表出现子囊盘，成熟子囊盘释放出子囊孢子，随气流传播蔓延，进行再侵染。在逆境条件下，菌丝又形成菌核落入土中或混入种子中越冬或越夏。病菌侵染对水分要求较高，相对湿度高于85%，温度在15～20℃利于菌核萌发、菌丝生长、侵染发病及子囊盘产生。低温、高湿或多雨的早春或晚秋有利于该病发生和流行。

4.防控措施

（1）农业防治：

①清洁田园：菌核在土壤中残存时间较长，容易侵染其他寄主植物，收获后应及时清除病残体及掉落的菌核，并带出田外集中处理。

②施肥：施足腐熟有机肥，增施磷、钾肥，采用无滴棚膜，或应用地膜覆盖，棚室栽培注意放风降湿，及时清除病株。

③土壤消毒：可以利用夏季高温天气，空棚1～2个月，将棚土深翻40厘米，覆盖地膜并灌水，密闭棚室15～20天，杀灭落入土壤中的菌核。

（2）药剂防治：定植或者播种前，可以选用2亿孢子/克小盾壳霉CGMCC8325可湿性粉剂按照每亩*100～150克制剂量

---

* 亩为非法定计量单位，1亩＝1/15公顷。——编者注

均匀喷施于地表后覆土；或者芹菜定植移栽期、播种期通过滴灌，按照亩用量1升滴入或者浇灌枯草芽孢杆菌菌剂；或者在定植缓苗后、发病初期用40亿孢子/克盾壳霉ZS-1SB可湿性粉剂，按照每亩用量45～90克，茎基部喷淋施药防治。

第四节　芹菜灰霉病

芹菜灰霉病在我国各地种植区均有发生，尤其是日光温室内发生更为普遍。病原菌寄主范围十分广泛，能够侵染200多种植物，瓜类、茄果类、菊科、十字花科、伞形花科等多种作物是其主要寄主。

1.病原菌

芹菜灰霉病病原菌为灰葡萄孢菌（*Botrytis cinerea* Pers.），其分生孢子梗细长、灰黑色，具不规则树状分支，分支顶端细胞膨大成球形，其上生长小梗，小梗上着生分生孢子，分生孢子呈葡萄串状。分生孢子有椭圆形或者近圆形，光滑无色，单胞。逆境下形成黑色菌核，扁圆形或者不规则形。

2.危害症状

主要危害叶片和茎部，苗期至成株期均可发病。叶片发病，在叶缘向内发展，形成浅褐色V形病斑，也可能造成轮纹状病斑，湿度大时病斑上产生灰色霉层，呈软腐症状，环境干燥时，发病部位干枯内卷。茎秆发病，初期表现为水渍状斑，病部软腐或萎蔫，出现浓密的灰色霉层。若长期高湿，芹菜会整株腐烂，倒伏，病残体上会产生大量浓密霉层。

芹菜灰霉病叶片症状（V形病斑及病斑上的灰色霉层）

高湿条件下芹菜茎秆上的大量灰色霉层

3.发病规律与侵染循环

灰葡萄孢菌耐低温高湿，春、秋、冬季，低温高湿时发生严重。7 ～ 20℃下病原菌大量产生孢子，苗期棚内最适发病温度20 ～ 23℃，弱光、相对湿度在90%以上易发病。具有多种感染形式，可以菌丝、分生孢子及菌核的形式感染。以病残体中的菌丝、分生孢子或菌核越夏。菌丝或菌核在土壤中存活周期较长，一般可存活70 ～ 80天。病原菌可借助气流、雨水、灌溉水飞溅、田间穿行等农事操作进行传播。如遇连阴雨或寒流大风天气，放风不及时、种植密度过大、幼苗徒长，分苗移栽时伤根、伤叶，都会加重病情，茎部伤口或病叶附着于茎部容易感染，另外，土壤中越冬或残存的病菌可从茎基部伤口侵染。

4.防控措施

（1）农业防治：

①合理密植：根据具体情况和品种形态特性，合理密植，施用以腐熟农家肥为主的基肥，防止氮肥过量造成植株过密而徒长，影响通风透光，降低抗性。

②清洁田园：清除病残体，并带出田外深埋或堆沤处理。

③土壤消毒：可以利用夏季高温天气，空棚1 ～ 2个月，将棚土深翻40厘米，覆盖地膜并灌水，密闭棚室15 ～ 20天，杀灭落入土壤中的菌核。

④棚室消毒：种植前、整地后密闭棚室，可以选用粉剂或者烟剂对空间进行消毒处理，降低或者杀灭环境中的病原菌。

（2）药剂防治：定植或者播种前，可以选用21%过氧乙酸水剂，按照亩用量140克制剂兑水后均匀喷施于地表杀灭土壤表面的病原菌，然后旋耕作畦定植移栽；预防苗期芹菜灰霉病，可以在育苗床按照6克/米²喷施3亿CFU*/克哈茨木霉菌可湿性粉剂；芹菜定植缓苗后可以选用1 000亿芽孢/克枯草芽孢杆菌可湿性粉剂3 000倍液喷雾预防；发病初期可用10亿孢子/克木霉菌可湿性粉剂1 500倍液，或者3亿CFU/克哈茨木霉菌可湿性粉剂600倍液，或者1%香芹酚水剂1 000倍液喷雾施药防治。

第五节　芹菜软腐病

芹菜软腐病又称腐烂病，主要危害芹菜叶柄基部。易感寄主植物包括胡萝卜、芹菜等伞形花科作物和大白菜、芥菜、青花菜、萝卜等十字花科作物。

1.病原菌

芹菜软腐病属于细菌性病害，主要是由胡萝卜果胶杆菌 *Pectobacterium odoriferum*、*P. carotovorum* 和 *P. brasiliensis* 侵染引起。

2.危害症状

芹菜软腐病又称"烂疙瘩"，主要发生于芹菜茎基部或茎秆上。叶柄基部发病，初期出现水渍状斑，形成淡褐色梭形或不规则的凹陷斑，后期呈湿腐状，变黑腐烂，植株倒伏死亡；茎秆发病，产生浅褐色水渍状病斑，严重时凹陷腐烂，从病斑部折断。发病部位进一步扩大，全株腐烂变黑，呈干腐状。

---

* 　CFU为菌落形成单位，全书同。——编者注

芹菜软腐病干腐症状

芹菜软腐病湿腐症状

芹菜软腐病湿腐症状

3.发病规律与侵染循环

春、夏、秋季易发生，田间温度高、多雨时发病严重。苗期种植密度大、通风性差、湿度大时发生较重；在植株接近成熟时期，植株之间相互遮挡，致使根部附近局部密闭，形成相对高温高湿的微环境，会促进病原菌的侵染，导致病害在成熟期发生严重，影响芹菜的产量及品质。病害发生早期，芹菜植株外围叶柄上呈现水渍状、浅褐色、不规则形的凹陷斑，当温度在24 ～ 28℃、相对湿度为70% ～ 85%时病原菌向植株茎秆内部迅速侵染，发病部位由最初的浅褐色逐渐变为深褐色至黑色，并伴有一定的臭味。病害发生严重时薄壁细胞组织全部瓦解，整个植株腐烂死亡。

4.防控措施

（1）**培育壮苗**：可选择纸钵育苗或者纸钵基质育苗，带钵定植，降低因定植提苗对幼苗根系的损伤给病原菌造成侵染机会。

（2）**农业防治**：采取与茄果类或瓜类作物进行2～3年的轮作栽培；定植、除草、施药等各种田间管理过程中，应避免伤根或给植株造成伤口；将病株及病残体及时从田间清除，集中销毁；露地栽培还应该在降雨后及时排除积水，避免沤根；注意防虫，包括叶螨、蚜虫、潜叶蝇等，避免因虫食造成伤害给病原菌侵染创造机会。

（3）**药剂防治**：定植缓苗后、发病前，用诱导抗病剂2%氨基寡糖素水剂按照每亩用量200～250毫升，或者6%寡糖·链蛋白可湿性粉剂每亩用量75～100克喷雾施药，预防病害，提高芹菜抗病性；发病前或者发病初期，用100亿芽孢/克枯草芽孢杆菌可湿性粉剂60克/亩，或者50%氯溴异氰尿酸可溶粉剂60克/亩，或者60亿芽孢/毫升解淀粉芽孢杆菌LX-11悬浮剂150克/亩喷雾防治，视病情确定防治次数，每次施药间隔7天。

第六节　芹菜立枯病

芹菜立枯病是一种常见的真菌性病害，多发生在育苗中期，严重影响种植户的经济效益。病原菌寄主范围广，除危害芹菜外，还可侵染瓜类、茄果类、十字花科蔬菜，及玉米、豆类等。

1.病原菌

芹菜立枯病病原菌为立枯丝核菌（*Rhizoctonia solani* Kühn），属半知菌亚门真菌。

2.危害症状

主要危害地下根部或幼苗茎基部，发病初期在茎基部产生近椭圆形或者不规则形暗褐色斑，稍凹陷，病部扩展绕茎1周后导致茎部折断，芹菜死亡。田间湿度大时，病斑呈水渍状腐烂，病部长出白色菌丝，干燥环境下病斑变褐干裂。

芹菜立枯病苗期症状

芹菜立枯病定植期症状

3.发病规律与侵染循环

芹菜立枯病主要发生在育苗期和定植后缓苗期，较高的温度条件或直播田危害较重。立枯丝核菌以菌丝体或菌核在土中越冬，可在土中腐生2～3年。病原菌通过菌丝侵染寄主，随着灌溉水、雨水、农事操作及农机具传播。发病适温22～26℃，播种过密、间苗不及时、高湿和床土湿润、温度过高易诱发该病，床温变化大、忽高忽低病情加重。

4.防控措施

（1）**苗期管理**：选用无病原菌的营养土育苗，营养土中可以拌入多黏类芽孢杆菌等生防菌剂，按照4～6克/米²拌土育苗培育壮苗，预防苗床立枯病发生。

（2）**农业防治**：使用腐熟有机肥，不要含有病残体；定植、除草、施药等各种田间管理过程中，应避免伤根或给植株造成伤口；病株及病残体及时清除出田间，集中销毁；露地栽培还应该在降雨后及时排除积水，避免沤根。

（3）**药剂防治**：定植期，可在定植穴或者根周围使用1亿CFU/克枯草芽孢杆菌微囊粒剂，按照100～167克/亩撒药土或喷淋；定植缓苗后、发病前，用诱导抗病剂2%氨基寡糖素水剂按照每亩用量200～250毫升，或者6%寡糖·链蛋白可湿性粉剂每亩用量75～100克喷雾施药，预防病害，提高芹菜抗病性；发病前或者发病初期，用1亿CFU/克枯草芽孢杆菌微囊粒剂100～167克/亩，或者40%二氯异氰尿酸钠可溶粉剂60克/亩喷雾防治，或者3亿CFU/克哈茨木霉菌可湿性粉剂100～167克/亩灌根防治，视病情确定防治次数，每次施药间隔7天。

第二部分

芹菜常见虫害

第一节　胡萝卜微管蚜

胡萝卜微管蚜 [*Semiaphis heraclei* (Takahashi)] 又名芹菜蚜，属于半翅目蚜科。在我国南北方广泛分布，吉林、辽宁、北京、河北、山东、新疆、安徽、云南、广西和广东等地均有报道。其寄主植物广泛，第一寄主为金银花、黄花忍冬、金银木等忍冬属植物，第二寄主为芹菜、茴香、胡萝卜、白芷、当归等伞形花科蔬菜和中草药。

1.形态特征

无翅孤雌胎生雌蚜：体长约2.1毫米，宽约1.1毫米。体色一般为土黄色或黄绿色，体表覆薄的白粉。头部灰黑色，胸、腹部淡色。触角、足近灰黑色，触角具瓦状纹，第三、四节淡色，第五、六节及胫节端部1/6和跗节黑色。腹管黑色，尾片、尾板灰黑色。尾片圆锥形，中部不收缩，有微刺状瓦纹，上面生有6～7根细长的弯毛。

有翅胎生雌蚜：体长1.5 ～ 1.8毫米，宽0.6 ～ 0.8毫米，通常黄绿色，体表覆有薄的白粉。触角黑色，第三节很长，第三节基部1/5淡色，翅脉中脉三分支。腹管弯曲，较短，无瓦纹，不及尾片的1/2，无线突。尾片圆锥形，尾板末端圆形，无上尾片。尾片上有6 ～ 8根毛。

无翅孤雌胎生雌蚜

有翅胎生雌蚜

2.危害症状

胡萝卜微管蚜主要以若蚜和成蚜大量群集危害芹菜的嫩叶、嫩梢、嫩茎，刺吸植物汁液，使叶片向背面卷缩，生长点皱缩，导致光合作用下降，严重影响芹菜产量和品质，严重时造成减产和绝收。胡萝卜微管蚜还可分泌蜜露而诱发煤污病。此外，在芹菜上已鉴定的蚜虫传播的病毒为芹菜花叶病毒（CeMV）和黄瓜花叶病毒（CMV），胡萝卜微管蚜是主要的传播介体。

胡萝卜微管蚜若蚜和成蚜群集在嫩茎和嫩梢上

胡萝卜微管蚜分泌蜜露造成煤污病

3.发生规律与生物学特性

胡萝卜微管蚜以卵在忍冬属植物金银花等枝条上越冬，翌年3月中旬至4月上旬越冬卵孵化，4—5月开始危害芹菜和忍冬属植物，5月为危害盛期，5月下旬数量下降。10月迁回金银花等忍冬属植物上，10—11月雌、雄蚜交配，产卵越冬。高温干燥环境有利于胡萝卜微管蚜发生，频繁降雨在一定程度上可阻止其种群数量增长。在室温下，胡萝卜微管蚜完成1个世代需要9天，发育速率随龄期增长而变缓，平均寿命为20天。25℃是胡萝卜微管蚜的最适生长温度，超过30℃对其生长、存活和繁殖不利。相对湿度60%~70%较适合胡萝卜微管蚜的生长、存活和繁殖。不同植物对胡萝卜微管蚜的发育历期有极显著的影响，取食芹菜时的发育历期最短，发育速率最快。

4.防控措施

胡萝卜微管蚜生长快，繁殖率高，可孤雌胎生，在防控上要做到早防早治，采用农业防治、物理防治、生物防治和化学防治相结合的方法。

（1）**农业防治**：作物合理布局，选用抗虫品种，与非伞形花科作物倒茬轮作。前茬作物采收结束后，要及时将植株残体、枯枝落叶、杂草等移到田外进行集中深埋或者堆沤处理，消灭残余的蚜虫，切断虫源。胡萝卜微管蚜喜甜趋嫩，偏好碳水化合物含量高的植物，施肥时应尽量多施腐熟的有机肥，适量增施磷肥和钾肥，科学合理地控制使用或少用氮肥。

（2）**物理防治**：保护地栽培的芹菜，建议在大棚、温室的通风口和进出口搭设防虫网，以阻止外源蚜虫进入种植区。利用有翅蚜趋黄的特性，将黄色粘虫板按照每亩20～30片的数量悬挂在田间，黄板悬挂的高度应与作物齐高或者略高为宜。另外，蚜虫对银灰色具有很强的忌避性，可在种植区铺设银灰色地膜或者在棚室或周围悬挂银灰色薄膜条，以驱赶周边的蚜虫。

（3）生物防治：自然界中的蚜虫天敌有瓢虫、食蚜蝇、寄生蜂、食蚜瘿蚊、蟹蛛、草蛉以及昆虫病原真菌等，这些天敌对蚜虫有较强的抑制作用。在蚜虫商品化的天敌中，异色瓢虫和食蚜瘿蚊的应用较广，防治效果最好。释放天敌通常在初见蚜虫时开始，释放异色瓢虫的益害比为1∶（30～60），整个生长季节需释放3次左右，注意异色瓢虫的卵卡应避免阳光直射。释放后10天内应减少农事操作，减少对瓢虫的伤害。食蚜瘿蚊通常在定植后7～10天释放，因为食蚜瘿蚊蛹需要经历羽化、成虫产卵前期、卵期及取食量较少的低龄幼虫期后，高龄食蚜瘿蚊幼虫才能大量捕杀蚜虫，因此释放食蚜瘿蚊需提早，以提高防效。释放食蚜瘿蚊的方法有两种，一种是将混合在蛭石中的食蚜瘿蚊均匀分放在大棚中的背阴处，另一种是引入法，用盆栽小麦将带有麦蚜和食蚜瘿蚊幼虫的麦苗均匀放置在大棚中。前者适用于已发现蚜虫的温室，后者适用于尚未发现蚜虫危害的温室。释放益害比1∶20最佳，根据季节和作物生长期调整释放次数，植株生长定型的作物每7～10天释放一次，连续释放3～4次；植株处于生长期的作物根据生长情况每3～5天释放一次，连续释放3～4次。日光温室的冬季作物，一般在冬前释放1～2次，冬后（3月初）释放1～2次。

（4）化学防治：蚜虫繁殖速度快，在种群快速增长期要及时精准用药防治。应当科学选择高效、低风险化学农药。目前胡萝卜微管蚜的登记药剂如下表。

防治胡萝卜微管蚜的药剂及使用注意事项

序号	药剂名称	制剂使用量	使用方法	注意事项
1	25%吡虫啉可湿性粉剂	4～8克/亩	喷雾	安全间隔期为7天，每季最多施药3次
2	50%噻虫嗪水分散粒剂	2～4克/亩	喷雾	应避开高温时间、大风天气或雨天施药。早晨或傍晚施药有利于提高防治效果
3	1.5%苦参碱可溶液剂	30～40毫升/亩	喷雾	安全间隔期为10天，每季最多施药1次
4	5%啶虫脒乳油	24～36毫升/亩	喷雾	安全间隔期为7天，每季最多施药3次
5	50%吡蚜酮可湿性粉剂	10～16克/亩	喷雾	于害虫发生始盛期施药；大风天或预计1小时内下雨不能施药
6	15%氟啶虫酰胺·联苯菊酯悬浮剂	8～16毫升/亩	喷雾	安全间隔期为7天，每季最多施药1次
7	15%呋虫胺·溴氰菊酯悬浮剂	15～20毫升/亩	喷雾	安全间隔期为7天，每季最多施药1次
8	30%螺虫乙酯·溴氰菊酯悬浮剂	10～12毫升/亩	喷雾	安全间隔期为7天，每季最多施药1次

第二节　南美斑潜蝇

危害芹菜的斑潜蝇有三叶草斑潜蝇和南美斑潜蝇，本节重点介绍南美斑潜蝇。南美斑潜蝇（*Liriomyza huidobrensis* Blanchard）又称拉美斑潜蝇，源自南美洲，属双翅目潜蝇科斑潜蝇属。在我国，南美斑潜蝇于1994年首次在云南发现，目前在我国北京、河北、山东、青海、云南、贵州、四川等地均有危害蔬菜和花卉的报道，是一种危险性极大的害虫。南美斑潜蝇适应性强、繁殖快、寄主广泛，主要危害蔬菜和花卉作物，包括芹菜、蚕豆、豌豆、菜豆、番茄、苋菜、甜菜、菠菜、马铃薯、辣椒和一些十字花科杂草，以及大丽花、石竹花和报春花等。

1.形态特征

南美斑潜蝇的卵为乳白色，半透明，椭圆形；幼虫为蛆状，初期半透明，随着虫体的生长，颜色不断加深，从乳白色至黄色，至老熟幼虫时为橙黄色，老熟幼虫体长2.3～3.2毫米。蛹初期为黄色，以后逐渐加深变为褐色。成虫刚羽化时为淡黄色。成虫体长1.3～1.8毫米，额黄色，侧额上面部分较黑，内外顶鬃着生处均为黑色，触角第三节一般棕黄色。中胸背板黑色，有光泽，小盾片为黄色。足基节黑黄色，腿节基部为黄色，有大小不定的黑纹，内侧有黄色区域。胫、跗节通常黑色，有时棕色。

南美斑潜蝇幼虫

南美斑潜蝇老熟幼虫和蛹

南美斑潜蝇成虫

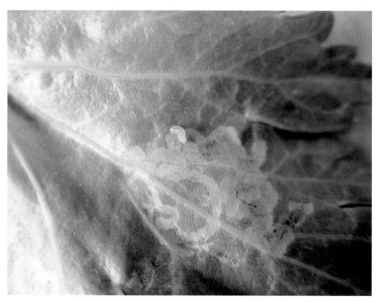

南美斑潜蝇幼虫和潜道

2.危害症状

南美斑潜蝇主要以幼虫危害为主。幼虫取食叶片上、下表皮中间的叶肉，形成白色弯曲虫道，虫道整体较宽。随着幼虫的发育，虫道末端略膨大。成熟后幼虫咬破蛀道上表皮爬出道外，并在叶面、土表或松散的土壤中完成化蛹、羽化。虫道两侧留有黑色虫粪，呈断线点状排列。除幼虫危害外，雌成虫用产卵器刺破叶片，由刺孔处吸食汁液或产卵。在叶片上留下很多白色的失绿点。此外，通过取食汁液还可传播病毒，例如芹菜花叶病毒等，严重影响芹菜产量和品质。

南美斑潜蝇危害症状

南美斑潜蝇危害症状

3.发生规律与生物学特性

南美斑潜蝇的生活史短，在保护地1年可以发生8～11代，发生代数及时间与保护地内温度有关，世代重叠严重，没有明显的世代划分。幼虫最适发育温度为25～30℃，当气温超过35℃时，成虫和幼虫活动受到抑制。当温度高于45℃时，各虫态均不能存活。冬季，南美斑潜蝇在北方地区露地不能越冬。成虫有一定的飞行能力，主要随寄主植物的调运而进行远距离传播。

南美斑潜蝇卵的发育起点温度为7.24℃，有效积温为41.46℃。幼虫的发育起点温度为7.14℃，有效积温为118.16℃。卵的发育起点温度为8.16℃，有效积温为138.94℃。幼虫每增长一个龄期，其潜道的宽度与取食面积也增长。三龄幼虫在潜道内可以左右来回取食，使整个潜道愈合成为一个整体，有时幼虫离开叶片而取食叶柄。幼虫从叶内爬出化蛹的时间一般是上午7～11时，12时以后很少爬出化蛹。成虫羽化的时间一般也是在上午8～12时居多，极少数蛹在午后至翌日上午6时羽化。成虫爬出蛹壳后，伸展双翅，虫体逐渐黑化成为正常的个体。成虫有较强的趋光性和对黄色的趋性。

4.防控措施

南美斑潜蝇的寄主植物广、繁殖速度快、世代重叠严重，且容易产生抗药性。目前我国尚无在芹菜上登记防治斑潜蝇的化学药剂，应采取"预防为主、综合防治"的植保方针，采用农业防治、物理防治、生物防治等相结合的综合防控措施。

（1）农业防治：

①摘除虫叶：及时摘除被危害的叶片，作物收获后，要及时清洁田园，将带虫植株残体集中深埋或堆沤。

②深翻土壤：前茬作物采收后，深翻土壤20厘米以上，使表层或者浅表层的蛹不能正常羽化，以降低蛹的羽化率，降低成虫的密度。

（2）物理防治：

①高温闷棚：对于斑潜蝇发生严重的棚室，在定植前密闭棚室，闷棚前1天浇1次透水，翌日闭棚升温至60℃，可以有效杀灭斑潜蝇的各种虫态，然后慢慢打开风口，恢复正常温度管理即可。

②安装防虫网：保护地栽培芹菜，可在棚室进出口、上下风口安装防虫网，可以有效隔离棚外的斑潜蝇成虫向温室内转移。

③诱虫板诱杀：利用南美斑潜蝇成虫趋黄的特性，在保护地设置20厘米×30厘米的黄色粘虫板诱杀成虫，将黄板悬挂在高出作物顶部10～20厘米处。

④灭蝇纸诱杀：在成虫始盛期至盛末期采用灭蝇纸诱杀成虫，每亩设置15个诱杀点，每个点放置1张灭蝇纸诱杀成虫，3～4天更换一次。

（3）**生物防治**：可释放寄生蜂，如姬小蜂、潜蝇茧蜂等天敌。释放天敌后做好害虫监测，及时采取必要的药剂防治措施。

（4）**科学用药**：目前我国尚无在芹菜上登记的防治斑潜蝇的化学药剂，可采取上述农业防治、物理防治和生物防控措施。注意不能使用国家禁限用农药。

第三节　甜菜夜蛾

甜菜夜蛾［*Spodoptera exigua*（Hübner）］又名贪夜蛾、玉米夜蛾、白菜褐夜蛾、玉米青虫、玉米小夜蛾等，属鳞翅目夜蛾科。甜菜夜蛾分布范围广，迁飞能力强，是一种杂食性害虫，寄主植物极其广泛，已知寄主植物多达170余种，涉及35科108属，主要危害蔬菜、棉花、玉米、花生、甜菜、烟草、花卉等。

1.形态特征

甜菜夜蛾卵呈圆球形，一般堆产，单层或多层重叠排列，卵块上覆有绒毛。幼虫共有5龄，体表光滑，体色变化很大，有褐色、绿色、黑褐色、暗绿色等，最显著的特征是每个腹节的气门右斜上方有1个明显的白点。蛹黄褐色，体长约1厘米，大约1周左右蛹可羽化为成虫。成虫体长0.8～1厘米。前翅外缘有1列黑点，有明显的环形纹和肾形纹。翅上有黑色波浪线。

甜菜夜蛾成虫

甜菜夜蛾幼虫

甜菜夜蛾幼虫

甜菜夜蛾蛹

2.危害症状

甜菜夜蛾以幼虫危害芹菜叶片，低龄幼虫常群集在叶片背面，取食叶肉，只留下一层透明的表皮。三龄后分散取食，在叶片留下孔洞或缺刻，取食严重时叶片只剩下叶脉和叶柄。造成缺苗断垄，严重时甚至绝收。

甜菜夜蛾取食留下的孔洞和缺刻

3.发生规律与生物学特性

甜菜夜蛾为间歇性暴发害虫,高温干旱有利于其发生。甜菜夜蛾在我国每年发生6~8代,蛹在土壤中越冬,第一代发生期为7—8月,第二代发生期为8—9月。常和斜纹夜蛾混合发生。

雌蛾一般将卵产于叶片背面,每块卵有约70粒卵,最多有160粒。幼虫畏光,多在叶背取食危害。幼虫有昼伏夜出的习性,夜间和阴雨天是危害的高峰时间,晴天藏匿在杂草、叶丛中,阴天可持续危害。成虫昼伏夜出,有假死性。幼虫受到惊吓即滚落至土表。一至三龄幼虫取食量小,从四龄开始食量增大,五龄取食量最大。老熟幼虫在疏松的表土内化蛹。卵的发育起点温度是11℃,幼虫的发育起点温度是10.9℃,蛹的发育起点温度是12.2℃。

4.防控措施

甜菜夜蛾具有食性杂、寄主范围广等特点,很多农作物和杂草都是其适宜寄主。防治时在做好虫情监测的同时,应采用农业、物理与药剂防治相结合的办法。

(1)农业防治:

①摘除卵块:甜菜夜蛾多将卵块堆产于叶片背面,卵块上覆有白色绒毛,易于识别。摘除带有卵块的叶片,可以有效降低虫口密度,减少危害,起到事半功倍的效果。

②清洁田园:芹菜收获后,应及时清除田间残株,集中进行堆沤或深埋处理,消灭残存在植株上的害虫。翻耕土壤,消灭土壤中的幼虫及蛹,降低虫口密度。

（2）物理防治：

①安装防虫网：保护地栽培的芹菜，可在棚室上安装防虫网，以阻止外源成虫迁入种植区。

②性诱剂诱杀：田间可安置诱捕器，以甜菜夜蛾的性信息素为诱饵，引诱雄性成虫至诱捕器中，物理诱杀成虫。每亩至少悬挂 2 ～ 3 组诱捕器，悬挂高度要高于作物生长点。

③糖醋液诱杀：甜菜夜蛾对糖醋液有较大的趋性，在甜菜夜蛾发生严重的地块附近放置糖醋液盆，也能起到很好的诱杀效果。

④杀虫灯诱杀：利用鳞翅目害虫具有趋光性的特性，在芹菜种植区内安装黑光灯进行诱杀。为了提高杀虫效果，可安装有风扇的设备，这种负压式的诱虫灯可将成虫吸入集虫袋中，大大提高杀虫效果。

（3）药剂防治：甜菜夜蛾由于世代重叠严重，隐蔽性强，而且对化学药剂极易产生抗药性。因此药剂防治应坚持"防早防小"的策略。

目前国内在芹菜上登记用于防治甜菜夜蛾的药剂只有1种，即1%苦皮藤素水乳剂，亩用制剂量90 ～ 120毫升，应在低龄幼虫发生期施药，注意叶片正反面要喷施均匀，大风天或预计1小时内降雨不能施药。1%苦皮藤素水乳剂在芹菜上的安全间隔期为10天，每季最多使用2次。

第四节 二斑叶螨

二斑叶螨（*Tetranychus urticae* Koch）又名二点叶螨、红

蜘蛛，属蛛形纲叶螨科叶螨属。在我国南北方各地均有发生。其寄主植物极其广泛，可危害多种蔬菜、粮食作物、果树等植物。

1.形态特征

二斑叶螨的整个生育期有5个发育阶段，分别是卵、幼螨、第一若螨、第二若螨和成螨。卵呈球形，颜色为亮白色。幼螨眼为红色，具有3对足。虫体颜色初为白色，取食寄主植物汁液后变为暗绿色。第一若螨近卵圆形，体背可见色斑，有4对足。第二若螨与成螨形态特征接近。雄成螨近卵圆形，体色多为绿色，比雌成螨体型小。雌成螨体长0.4～0.6毫米，近椭圆形，体色多变，初为白色和黄白色，取食后颜色加深，变为褐绿色或绿色。成螨有4对足，体背两侧各具有1块暗红色或暗绿色长斑，有时斑的中部色淡，分成前后两块。

2.危害症状

由于二斑叶螨体型小，肉眼不易发现，加之繁殖速率快以及耐药性强，近年来危害面积不断扩大，已经对蔬菜、粮食作物、果树和其他农作物产生严重危害。其危害主要以幼螨、若螨和成螨刺吸叶片汁液为主。取食汁液后在叶脉两侧可见白色斑点。虫口密度较大时，可使整片叶失绿变黄，严重时可使叶片提早脱落。严重影响叶片的光合作用，抑制植物正常生长发育。如不及时采取任何防控措施，后期叶螨布满叶片并吐丝结网。

二斑叶螨成螨

二斑叶螨结网危害状

3.发生规律与生物学特性

在北方地区，二斑叶螨以受精雌螨在树皮下、枯枝落叶、宿根性杂草上潜伏越冬。3月下旬至4月中旬，越冬雌螨开始出蛰活动。平均气温升至13℃以上时即开始产卵繁殖。越冬雌螨出蛰后多集中在菊科植物、草莓、小旋花上危害。约5月上旬后陆续迁移到蔬菜上危害。6月初危害加重，7月虫口密度急剧上升。8月中旬至9月中旬为发生高峰期。进入10月，陆续出现滞育个体，但滞育个体仍然可以取食危害。11月所有个体进入休眠状态。在北方，二斑叶螨可以发生12~15代。在南方地区至少可以发生20代。

高温干旱有利于二斑叶螨的发生，其各虫态生长发育的最适温度是24~25℃，在25℃下产卵量最多。在35℃下，二斑叶螨的内禀增长率最大，种群增长的速度最快。二斑叶螨具有吐丝结网的特性，该特性具有保护自身的作用。网状结构能够阻挡化学药剂，导致化学药剂不能直接与虫体和叶面接触。

4.防控措施

目前在芹菜上暂无登记的防治二斑叶螨的药剂。在二斑叶螨的防治管理上，应当按照"早预防、早发现、早防治"的原则，将农业防治、物理防治、生物防治等多种防治方法相结合使用。

（1）农业防治：

①清洁田园：在定植前，及时铲除杂草，清除残株败叶，进行集中填埋或者堆沤。夏季高温季节，可关闭棚室通风口，

高温闷棚1周以上可杀死二斑叶螨各虫态。

②培育无虫苗：育苗期间加强监测和管理，保持苗棚内无闲杂人员经常进出。定植前3 5天，喷洒杀虫剂以防叶螨随苗进入生产种植区。

③恶化生存环境：当天气干旱时及时灌溉，增加棚内相对湿度，营造不利于二斑叶螨生存的条件。

（2）**生物防治**：以螨治螨是对二斑叶螨进行防治的主要措施，智利小植绥螨（*Phytoseiulus persimilis*）和加州新小绥螨（*Neoseiulu californicus*）都已广泛用于二斑叶螨的生物防治。以加州新小绥螨为例，其能捕食各个发育阶段的害螨，尤其喜欢捕食害螨的卵和幼、若螨。当二斑叶螨未发生时，可每亩投放6瓶加州新小绥螨进行预防，规格为30 000头/瓶。当二斑叶螨轻微发生时，每亩需投放9瓶。当二斑叶螨严重发生时，每亩需投放13瓶。每隔30天左右投放一次，可有效降低二斑叶螨的数量。释放前，需轻轻转动瓶子，然后打开瓶盖，将瓶内的麦皮倒于芹菜叶片上，每平方米至少1个释放点。

第五节　西花蓟马

西花蓟马（*Frankliniella occidentalis*）又称苜蓿蓟马，属缨翅目蓟马科，是目前我国蔬菜和观赏植物上的一种重要的世界性入侵害虫。其寄主范围广泛，包括60余科500余种，菊科、葫芦科、豆科、十字花科等作物均是其适宜寄主，尤其是温室种植的茄果类、花卉、豆类等作物受害最重。自西花蓟马2003年6月首次在北京发现后，近年来已经在我国南北方各地普遍发生，给各地菜农、花农造成不同程度的经济损失。

1.形态特征

西花蓟马为渐变态昆虫，有卵、一龄若虫、二龄若虫、前蛹、蛹和成虫6个发育阶段。卵为肾形，白色；一龄若虫体白色，蜕皮前变为黄色；二龄若虫体黄色，非常活跃；前蛹触角前伸，翅芽短；蛹触角向头后弯曲，翅芽长，长度超过腹部一半，几乎达腹末端；成虫细小，雌虫体长略大于雄虫，雌虫平均体长1.0毫米。成虫翅前缘缨毛显著短于后缘缨毛。成虫体色随温度和区域等呈现多种颜色，有淡黄色、褐色等，触角8节。

西花蓟马成虫

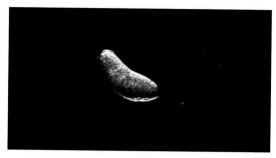

西花蓟马卵

2.危害症状

西花蓟马的若虫和成虫均可取食危害，通过锉吸式口器危害芹菜的叶片、茎秆等，被害叶片留下白色斑点，造成叶片失绿、皱缩、凋萎和干枯等。除直接取食危害外，西花蓟马还可以传播番茄斑萎病毒等多种病毒，造成更大危害。

西花蓟马危害芹菜

3.发生规律与生物学特性

西花蓟马的寄主范围较广，适应能力强，一年可发生10～15代。在南方温度适宜地区可全年发生危害，世代重叠严重。远距离传播主要靠种苗、土壤、农具调运等。在温暖地区西花蓟马能以成虫和若虫在许多作物和杂草上越冬，在相对较冷的地区则在耐寒作物如苜蓿和冬小麦上越冬，在寒冷季节也能在枯枝落叶和土壤中存活。在15～30℃范围内，随着温度的升高，西花蓟马的发育速率加快。雌虫将卵产在叶表皮下，只能借助显微镜观察到。若虫孵化后即开始取食，二龄若虫取食量为一龄若虫的3倍，接近成熟时表现负趋光性，离开植物入土化蛹。若虫和成虫常群集取食，种群密度高且食物缺乏时会自相残杀。前蛹和蛹均不取食，几乎不动，受惊扰后会缓慢挪动。成虫寿命通常20～30天，雌虫寿命有时长达40～70天，最多90天。雄虫寿命短，仅为雌虫的一半。成虫在最初羽化的24小时内较为安静，但在较高温度下很快变得很活跃。雌虫羽化后即可交配，并且有多次交配习性。雌虫营孤雌生殖和有性生殖，孤雌生殖仅产生雄虫。

4.防控措施

由于西花蓟马虫体微小，常藏匿于叶腋、叶片皱褶、花等隐蔽处，极难发现。加之世代周期短、繁殖速度快，对药剂容易产生抗性，给防治带来了很大的难度。因此对于西花蓟马的防治，应采用综合防控措施。

（1）**农业防治**：夏季休耕期，及时清除棚内的植株残体、杂草。密闭整个棚室，将棚内温度升到60℃以上，高温闷棚两周以上。残存的蓟马或因高温脱水而死，或因缺少食物而死。此外在棚室周边5米的范围内不要种植任何开花植物，避免吸引蓟马到棚内进行危害。

（2）**物理防治**：西花蓟马具有较强的趋蓝性，可以购买商品化或者自制蓝色粘虫板。在种植区内每隔一定距离悬挂一块蓝色粘虫板，悬挂高度应比植物生长点高5～10厘米。定期检查蓝板的黏性，黏性不足应及时更换。根据监测的结果，及时释放天敌。此外在温室的门口和通风口处可安装防虫网，可防止外界蓟马借风力进入棚内。

（3）生物防治：西花蓟马的天敌较多，包括花蝽、捕食螨、寄生蜂、真菌和线虫等，释放天敌应掌握在害虫发生初期，一旦发现害虫即开始释放。如释放东亚小花蝽，按照小花蝽与蓟马比例1∶（20～30）均匀释放，根据蓟马的虫口数量可在7天后再次投放。释放前，需将天敌置于阴凉通风处暂存，禁止暴晒。释放后两天内不要进行灌溉，以利于散落在地面上的小花蝽爬到植株上；小花蝽释放前后10天避免使用杀虫剂或者杀菌剂。巴氏新小绥螨、斯氏钝绥螨、加州新小绥螨、胡瓜钝绥螨等捕食螨对西花蓟马均有很好的防治效果。以胡瓜钝绥螨为例，在芹菜生长期至少释放3次胡瓜钝绥螨，在幼苗期，西花蓟马发生数量较少时，每株释放8～10头。在生长中后期，每株释放25～30头，可取得较好的防治效果。

目前防治芹菜上的西花蓟马还没有登记可使用的药剂，禁止在芹菜上使用未登记的药剂。

第三部分

芹菜主要病虫害全程防控技术

掌握芹菜病虫害全程防控技术，有助于大面积减少芹菜病虫害的发生，对提高芹菜产量、品质和安全性尤为重要。

1.育苗期管理

（1）**育苗棚室管理**：清理育苗棚室，清除棚室及棚外四周的杂草，减少病虫来源；在育苗棚室的通风口和进出口安装防虫网，阻隔外源病虫；对棚膜、苗床和棚室等进行全面消毒，使用高锰酸钾水溶液对育苗器具进行浸泡消毒处理；在高温季节可高温闷棚7～15天。

（2）**品种选择**：选择抗病能力强的品种是降低芹菜病虫害发生的关键措施，也是最经济的防控措施。根据种植地的气候特点以及栽培方式，选用适合当地环境条件的抗病虫、耐逆境、外观和内在品质好的品种。春季选择冬性强、不易抽薹、耐寒的品种；夏季选择耐热、抗病、生长快的品种；秋季选择耐寒、产量高、耐储运的品种。

（3）**种子消毒**：播种前，种子在50℃温汤中浸30分钟，边浸边搅拌，然后立即捞出，投入凉水冷却，晾干后播种，可有效减少种子带菌率。

（4）**基质育苗**：建议采用穴盘育苗。可选用无病原菌和虫卵的商品基质育苗，基质中可以拌入多黏类芽孢杆菌等生防菌剂，按照4～6克/米²拌土育苗，培育壮苗，预防苗期立枯病发生，且保证幼苗健壮、生长一致。

（5）**培育壮苗**：出苗前环境温度控制在25～30℃，夜间温度控制在10～15℃。出苗后，适当降低温度，白天温度控制在20～25℃，但夜间温度不能低于10℃。夏季育苗应采用湿帘风机和遮阳网遮阳降温。冬季育苗应搭建小拱棚或者安装地热线提高夜温。幼苗长到3片叶以上时要及时间苗，一个穴孔只保留一株壮苗。商品基质中本身含有一定的营养元素，可满足幼苗苗期的生长，因此整个育苗期不需要额外施肥。育苗期应保持基质湿润，待幼苗根系抱团，叶片长至5片时即可定植。

另外，育苗期间加强育苗棚通风，尽可能降低湿度。及时间苗，避免营造荫蔽的小环境。发现病叶应及时摘除。阴天不浇水或者少浇水，选择在晴天浇水。

2.定植前管理

（1）**作物布局**：选择前茬未种植过芹菜、胡萝卜、芫荽、茴香等伞形花科蔬菜的土地，或者与茄果类、瓜类、葱蒜类等作物实行3～4年轮作倒茬，避免连作障碍的影响。定植前需要进行田间清洁，对土地进行深翻、晒茬、耙平等，能够对土壤中的地下害虫起到杀灭作用。

（2）高温闷棚：在高温休耕季节进行。在土壤覆膜后闭棚，使棚室耕作层5厘米地温升高至42℃以上，持续20天，能够杀灭土壤中的病原菌。期间应防止雨水灌入，揭膜晾晒后种植。

（3）土壤消毒：根结线虫等土传病虫害发生重的地块，在夏季高温季节，深翻地25厘米，每亩撒施500千克切碎的稻草或麦秸，撒石灰氮100千克后旋耕混匀后起垄，铺地膜灌水，土壤湿度在60%以上，保持20天；也可以使用50%多菌灵可湿性粉剂每亩2千克拌细土20～40千克，均匀撒施，预防斑枯病等病害。定植前，每亩使用绿僵菌421颗粒剂5～10千克，加哈茨木霉菌粉剂5千克兑细土均匀撒施后浅旋耕，定植后浇水。

整地施药

旋耕均匀

铺膜灌水

密闭消毒

（4）**安装防虫网**：在设施温室或者大棚的通风口和出入口安装防虫网，防止外界的害虫进入设施内。

（5）**合理定植**：采用小高畦或者平畦的方式定植，避开温度高的时间定植，选在阴天或者下午3时后定植。定植前，从穴盘取苗时尽可能连同基质坨完整取出，避免对根系造成伤害。尽量选择长势整齐、植株健壮、根系发达的小苗，定植时以"深不埋心，浅不漏根"为宜。

3.生长期管理

芹菜生长期是病虫害发生的高峰期，主要病害有斑枯病、叶斑病、软腐病、菌核病、灰霉病等；主要害虫有蚜虫、斑潜蝇、甜菜夜蛾、二斑叶螨、蓟马等。为了最大限度地降低病虫对芹菜的危害，种植过程中应积极贯彻"预防为主，综合防治"的植保理念，将农业防治、物理防治、生物防治和化学防治有机结合使用，保障芹菜高效种植。

（1）农业防治：

①种植密度：种植密度要合理，改善通风条件，保证田间通透性；及时中耕除草，保证土壤疏松度，保护地采用无滴棚膜，或应用地膜覆盖，注意放风降湿，减少根部病虫害的发生。

②水肥管理：定植壮苗，剔除长势弱的幼苗。加强水肥管理，培育健壮植株，施用以腐熟农家肥为主的基肥，适量追肥，增施磷、钾肥，防止氮肥过量造成植株过密而徒长，影响通风透光，降低抗性。浇水应小水勤浇，避免大水大肥，防止种植区湿度过大。

③环境管理：芹菜喜冷凉，不耐高温，采取覆盖遮阳网和适当通风等措施降低温度。保护地芹菜栽培，白天棚室温度宜控制在15～20℃，高于25℃应及时放风，降温降湿。夜间温度不低于10℃。生长期要及时摘除病叶，带出棚外进行集中统一处理。

（2）物理防治：

①悬挂驱虫膜：利用银灰色反光膜驱避蚜虫的特点，用银色薄膜进行畦面覆盖，或在大棚周围悬挂10～15厘米宽的银色膜，可起到很好的效果。

②悬挂诱虫板：在未释放天敌的田块，利用不同的害虫对

特定颜色的趋性，在种植区悬挂一定数量的黄、蓝板。蚜虫、粉虱、南美斑潜蝇对黄色有趋性，蓟马对蓝色有趋性，可每亩悬挂20～30块诱虫板。悬挂高度为芹菜生长点往上5～10厘米。随着植株的生长，及时调整黄、蓝板的高度。若粘虫板上粘满害虫或者黏性下降，要及时更换。

③安装诱捕器：连片种植的露地芹菜，可安装甜菜夜蛾诱捕器诱杀成虫，诱捕器进虫口高于植株生长点20厘米左右。将含有人工合成性信息素的诱芯放入诱捕器中，将雄虫引诱至其中，达到杀死雄虫的目的。雄虫虫口密度下降，减少雌虫与雄虫交配，从而降低产卵量，降低虫口数量。

④安装杀虫灯：连片种植的露地芹菜，宜架设杀虫灯诱杀甜菜夜蛾等鳞翅目害虫以及蝼蛄等地下害虫，成虫发生期开灯诱杀。采用频振式杀虫灯，每亩至少悬挂一个杀虫灯，每天设定开灯时间为晚上8时至早上5时。

田间悬挂粘虫板

田间安装诱捕器

（3）**生物防治**：生物防治是指利用有益生物及其产物控制有害生物种群数量的一种防治技术。

预防和防治芹菜软腐病，可喷洒1 000亿孢子/克枯草芽孢杆菌可湿性粉剂50 ～ 60克/亩，或60亿芽孢/毫升解淀粉芽孢杆菌LX-11悬浮剂100 ～ 200毫升/亩；防治菌核病可喷施2亿孢子/克小盾壳霉CGMCC8325可湿性粉剂100 ～ 150克/亩于土壤表面；对于灰霉病，可喷施1 000亿孢子/克枯草芽孢杆菌可湿性粉剂60 ～ 80克/亩，或2亿孢子/克哈茨木霉菌LTR-2可湿性粉剂500 ～ 650克/亩，或2亿活孢子/克木霉菌可湿性粉剂125 ～ 250克/亩。

保护地栽培芹菜，可根据害虫发生情况释放天敌。释放前优先采用绿僵菌等生物制剂压低蚜虫、斑潜蝇、蓟马等害虫基数。施药7 ～ 10天后，棚内初见害虫时释放天敌，利用食蚜蝇防治蚜虫，利用小花蝽、捕食螨等防治蓟马，利用姬小蜂或潜蝇茧蜂等防治斑潜蝇。释放天敌后做好害虫监测，及时采取必要的药剂防治措施。

绿僵菌

释放捕食螨防治叶螨

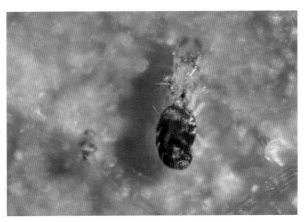

捕食螨捕食叶螨

（4）**科学用药**：要科学选择高效、低风险化学农药。根据病虫发生情况，及时精准用药防治。注意轮换使用不同作用机制的农药，并严格遵守用药剂量、用药方法、用药次数和安全使用间隔期的规定。

芹菜主要病虫害防治药剂和使用方法

病虫害种类	药剂	制剂每亩施用量	安全间隔期（天）	每季最多施用次数	使用方法
芹菜斑枯病	25%咪鲜胺乳油	50 ~ 70毫升	10	3	喷雾
	10%苯醚甲环唑水分散粒剂	35 ~ 45克	14	3	喷雾
	30%苯醚甲环唑水分散粒剂	12 ~ 15克	14	3	喷雾
	37%苯醚甲环唑水分散粒剂	9.5 ~ 12克	14	3	喷雾

（续）

病虫害种类	药剂	制剂每亩施用量	安全间隔期（天）	每季最多施用次数	使用方法
芹菜叶斑病	10%苯醚甲环唑水分散粒剂	67～83克	5	3	喷雾
蚜虫	25%吡蚜酮可湿性粉剂	20～32克	30	2	喷雾
	1.5%苦参碱可溶液剂	30～40毫升	10	1	喷雾
	10%吡虫啉可湿性粉剂	10～20克	7	3	喷雾
	20%吡虫啉可湿性粉剂	5～10克	7	3	喷雾
	25%吡虫啉可湿性粉剂	4～8克	7	3	喷雾
	50%吡虫啉可湿性粉剂	2～4克	14	1	喷雾
	70%吡虫啉可湿性粉剂	1.5～2.5克	7	3	喷雾
	5%啶虫脒乳油	24～36毫升	7	3	喷雾
	10%啶虫脒乳油	12～18毫升	7	3	喷雾
	10%呋虫胺·溴氰菊酯悬浮液	15～20毫升	7	1	喷雾
	30%螺虫乙酯·溴氰菊酯悬浮液	10～12毫升	7	1	喷雾
	25%噻虫嗪水分散粒剂	4～8克	10	3	喷雾

(续)

病虫害种类	药剂	制剂每亩施用量	安全间隔期（天）	每季最多施用次数	使用方法
蚜虫	15%氟啶虫酰胺·联苯菊酯悬浮液	8～16毫升	7	1	喷雾
甜菜夜蛾	1%苦皮藤素水乳剂	90～120毫升	10	2	喷雾

注：防治药剂应根据农药再评价结果或农药登记信息进行动态管理和更新。

4.采收后管理

芹菜有两种采收方式，一种是掰叶采收，一种是整株采收。掰叶采收后会留下伤口，采收后应立即喷施防治真菌性病害的药剂，例如苯醚甲环唑或者多菌灵等。整棚芹菜采收完毕后，应立即密闭棚室，采用高温闷棚的方式杀死病原菌和害虫，在下茬作物定植前，清理种植区的植株残体和杂草。

主要参考文献

REFERENCES

曹玲玲, 2018.芹菜集约化穴盘育苗关键技术[J].中国蔬菜 (12) :91-93.

陈菊荣, 曹贤, 2018.设施芹菜病虫害绿色防控技术集成应用模式[J].现代农村

科技 (1) :30-31.

葛立傲, 倪玺超, 刘小英, 等, 2020.异色瓢虫在茄子上防治蚜虫的应用研究[J].

上海蔬菜 (6) :52-53.

侯恒军, 阮庆友, 张建华, 等, 2009.无公害保护地芹菜病虫害防控技术[J].南方

农业, 3(1) :20-22.

郎朗, 孟庆良, 高国训, 等, 2017.保护地芹菜主要病虫害危害症状及防治方法

[J].长江蔬菜 (11) :58-59.

李春刚, 王跃兵, 2010.芹菜周年丰产栽培技术[J].现代园艺 (7) :24-26.

宋瑞生, 侯奎华, 王耐红, 2021.冀东地区保护地芹菜周年生产栽培技术[J].蔬菜

(7) :59-62.

王金利, 张学勇, 2009.秋冬季日光温室芹菜病虫害防治技术[J].中国园艺文摘,

25(10) :103.

王娟, 2021.日光温室芹菜高产高效栽培技术[J].现代化农业 (12) :26-27.

于淦军, 褚姝频, 杨荣明, 2021.芹菜病虫害防控农残风险防范技术[J].长江蔬菜

(22) :24-25.

张丹, 2019.北方地区芹菜高产栽培技术及病虫害防治[J].种子科技, 37(11) :57, 60.

图书在版编目（CIP）数据

芹菜常见病虫害诊断与防控技术手册／吴青君主编
. —北京：中国农业出版社，2022.6
（"三棵菜"安全生产系列）
ISBN 978-7-109-29487-5

Ⅰ.①芹…　Ⅱ.①吴…　Ⅲ.①芹菜－病虫害防治－手
册　Ⅳ.①S436.36-62

中国版本图书馆CIP数据核字（2022）第093648号

中国农业出版社出版
地址：北京市朝阳区麦子店街18号楼
邮编：100125
责任编辑：阎莎莎
版式设计：王　晨　责任校对：吴丽婷　责任印制：王　宏
印刷：北京通州皇家印刷厂
版次：2022年6月第1版
印次：2022年6月北京第1次印刷
发行：新华书店北京发行所
开本：880mm×1230mm　1/32
印张：2.25
字数：45千字
定价：29.00元